经典和风花样手套 28 款

日本宝库社 编著

如鱼得水 译

河南科学技术出版社

· 郑州 ·

目录

将小巾绣图案用于配色花样

美丽的和风费尔岛花样

男式手套闪亮登场

※ 除特别标注"男式"外，均为女款。

从小小的传统花样开始

即使不知道名称，我们也见过很多传统的和风花样。
下面介绍的是很流行的配色花样。

小樱

将散落的樱花设计成花样。
在手腕处设计双重狗牙针，使手套更有女人味。

青海波

这个花样来自日本的雅乐，表现的是层层叠叠的波浪。
深深浅浅的蓝色底色，让人感受到大海的浩瀚无边。

图案设计：远藤佐绘子　　制作：广岛和代　　使用线：Jamieson's Shetland Spindrift　　编织方法 >> p.51

箭羽

这个图案在和服上多以白色、紫色相间的形式出现。
如果改变配色，则展示出北欧风情。

　　图案设计：远藤佐绘子　　制作：荒川千代美　　使用线：Jamieson's Shetland Spindrift　　编织方法 >> p.52

花菱

将 4 片花瓣的唐花花样设计成菱形，这就是花菱（唐花菱）花样。
蓝、白色配色是经常用在夏季和服和手巾上的色彩。

图案设计：远藤佐绘子　　制作：铃木裕子　　使用线：芭贝 British Fine　　编织方法 >> p.53

双重格

在四边形格子里组合三角形图案，实际的花样效果和名字
带给我们的想象不一样，这种落差也很有意思。

图案设计：远藤佐绘子   制作：高桥惠美子   使用线：DARUMA   iroiro   编织方法 >> p.54

锁纹和笼目

手掌上的笼目花样，很像用红线刺绣的刺子绣花布巾，给人素朴的感觉。

图案设计：远藤佐绘子　制作：高桥惠美子　使用线：Ski 毛线　Ski 中细　编织方法 >> p.55

条纹棋盘格

将两种不同的花样设计成正方形，交叉排列在一起。
如果将手背花样的格数由 12 格减至 9 格，
那就延长手套口部分的条纹花样。

　　　图案设计：远藤佐绘子　　制作：林 比吕美　　使用线：芭贝 British Fine　　编织方法 >> p.56

篱笆格

用竹子和树枝等编成的东西叫作篱笆。
从手腕开始等针直编的配色花样很适合大人。

图案设计：远藤佐绘子　　制作：铃木裕子　　使用线：钻石线　DIAGOLD〈中细〉　编织方法 >> p.57

令人印象深刻的经典花样

比较推荐在手背上设计起到画龙点睛作用的花样，
也可以将花样连成一圈，或者左右手稍有差别，这样会更加有趣。

立波之鹤

把左右两只手套并在一起，组成了寓意长寿的"双鹤齐鸣"花样。
色彩搭配上选择了红色、白色和金黄色，给人华美的感觉。

图案设计：远藤佐绘子　　制作：铃木裕子　　使用线：和麻纳卡　纯毛中细　　编织方法 >> p.72

竹与雀

竹和雀是有吉祥含义的组合。雀是手套编织好后刺绣上去的。

　　　图案设计：远藤佐绘子　　　制作：铃木裕子　　　使用线：和麻纳卡　纯毛中细　　　编织方法 >> p.58

木瓜纹

这种图案也叫作窠纹，在类似花瓣的图案中设计一个唐花图案。
柔和的底色中，手背上的大花样很有存在感。

图案设计：远藤佐绘子　　制作：田野准子　　使用线：和麻纳卡 纯毛中细　　编织方法 >> p.61

杜若

在日本，杜若盛开在初夏时节，是具有代表性的和风花样之一。
设计的配色花样宛若盛开的大片杜若。

图案设计：远藤佐绘子　　制作：铃木裕子　　使用线：Ski 毛线　Ski 中细　　编织方法 >> p.60

七宝连

钩针编织中有一种针法叫作"七宝针"。
在面和线组成的两个七宝连图案中，点点红色针迹非常引人注目。

　　　图案设计：远藤佐绘子　　制作：齐藤理子　　使用线：Jamieson's Shetland Spindrift　　编织方法 >> **p.62**

波上千鸟

波纹和千鸟历来为广泛使用的组合。
左右两只手套的手背并在一起时，
海面看起来更加宽广，
花样也更加有趣了。

图案设计：远藤佐绘子　　制作：高桥惠美子　　使用线：DARUMA　iroiro　　编织方法 >> p.63

将小巾绣图案用于配色花样

将一针一线绣成的小巾绣图案变成编织花样。
日本东北地区的刺绣图案，似乎天生就很适合毛线。

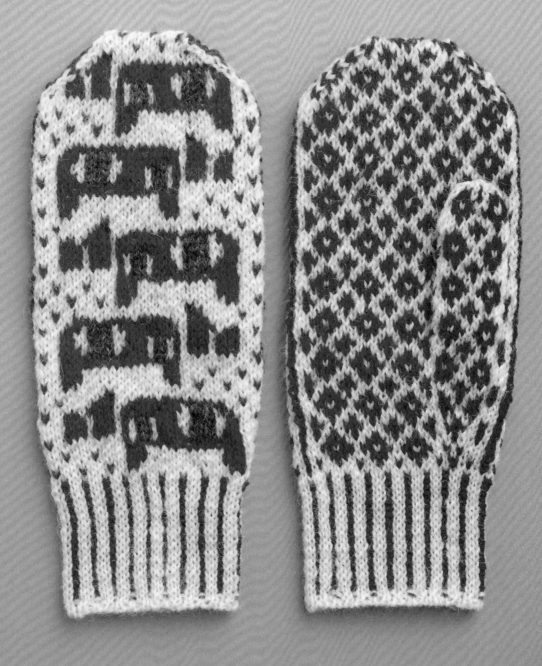

赤牛

小巾绣经常用到的赤牛图案源自日本福岛县的乡土玩具"赤牛"。
这里是将赤牛图案纵向排列在一起。

 原创小巾绣图案：植木友子　　制作：铃木裕子　　使用线：芭贝　British Fine　　编织方法 >> p.64

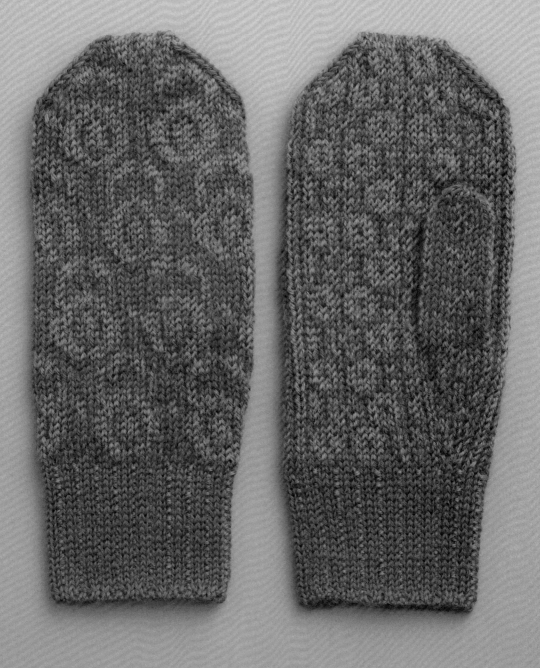

铁壶

铁壶图案的灵感来自日本岩手县南部的铁壶。
不留间隔的配色花样，看起来很像玫瑰花。

原创小巾绣图案：植木友子   制作：铃木裕子   使用线：DARUMA iroiro   编织方法 >> p.65

藤编马

日本秋田县用椴树嫩枝编成的小马玩具是小巾绣的常用图案。
马辔是编织完成后绣上的。

美丽的和风费尔岛花样

多色配色的费尔岛花样和日本风情的配色花样融为一体，
构造出全新的编织世界。

八重菱和市松（男式）

简单的花样作为传统花样而存在，在世界各地有着不同的名字。
我们用和风名字来称呼它怎么样？

设计、制作：风工房　　使用线：DARUMA　iroiro　　编织方法 >> p.68

莲花

在佛教中，莲花是盛开在极乐净土上的花朵。
我们将这种从水面延伸出茎盛开的花朵运用到连指手套上。

麻叶（男式）

在手背上编织大大的麻叶花样。
配色花样延伸至指尖编起来会有些复杂，但增强了保暖性。

　　设计、制作：风工房　　使用线：Jamieson's Shetland Spindrift　　编织方法 >> p.69

STORLEKSSCHEMA FÖR VANTAR

Barn- och damvantar.

	1	3	5	7	8	
Storlek						30 ½
	1—3	3—6	6—10	10—14	vuxen	10
Ålder			25	29		
Hela vantens längd i cm 20		22	8 ½	10		
Resårens längd i cm	6	7	5	6		6
Nedre handflatans längd från	4 ½	5	5 ½	6		8 ½
resår till tumgrepp .... 4 ½		4 ½	7	7	7 ½	4
Tummens längd i cm	4	6 ½	3		3 ½	
Vantens bredd i cm mätt		2 ½				
mitt på handen 6				8	10	
Tummens bredd i cm	2					

Herrvantar.

Storlek				28 ½	31
Hela vantens längd i cm				8	8
Resårens längd i cm				6	7 ½
Nedre handflatans längd från resår till tumgrepp				9	10 ½
Tummens längd i cm					4 ½
Vantens bredd i cm mätt mitt på handen					4
Tummens bredd i cm					

Använder man hemslöjdens 3-tr, stickgarn i helylle samt stickor nr ...... stickor nr 9 till vanten kan man för vantar med tumkil

	8d	8h	10h
	56	60	68
	70	74	82
	30	32	32

STORLEKSSCHEMA FÖR FINGE...

	1	3	5			30 ½
Storlek				29	10	
		22	25	7	7	
		7	8 ½	10	7	
Hela vantens längd i cm	6		5 ½	6	5	
Resårens längd i cm			5	6	6	
Nedre handflatans längd från	4 ½	4 ½		6	7	
resår till tumme 4			4 ½	5 ½	7	
Tummens längd i cm 4		4	6	7	8	
Övre handflatans längd från		4 ½	6	8	7	
tummen till lillfinger ...		1 ½	6	7	8	
Lillfingrets längd i cm		5 ½	6	7	7 ½	
Ringfingrets längd i cm ...		4 ½	5 ½	6	4	
Långfingrets längd i cm ...		6	2 ½	9	3 ½	
Pekfingrets längd i cm ...		2				
Vantens bredd i cm						
Tummens bredd i cm ...						

Även för fingervantarna kan man liksom för vantarna uppställa ett jämförelseschema för de olika storlekarnas maskantal, då man har samma utgångsmaterial.

Storlek			
Antal upplagda maskor			
maskor på handflatans mitt			
" i tummen			
" " " pekfinger			
" " " långfingret			
" " " ringfingret			
" " " lillfingret			

d = dam, h = herr.

龟甲花菱

手掌上细细的交叉花样和手背上大大的龟甲花菱花样，
都是多色配色的精美花样。

设计、制作：风工房　　使用线：Jamieson's Shetland Spindrift　　编织方法 >> p.71

男式手套闪亮登场

使用两种对比鲜明的颜色编织的配色花样很适合男士。
用喜欢的颜色编织喜欢的花样，是手工编织特有的乐趣。

双色横条纹

三行相隔的双色横条纹花样。花样在宽行之间错开几针，给人更加时尚的印象。

图案设计：远藤佐绘子 制作：望月美和 使用线：和麻纳卡 纯毛中细 编织方法 >> p.73

蝙蝠

在日本，蝙蝠是具有代表性的吉祥花样之一。
编织朝上、朝下两个方向的花样，这种设计仿佛是高高低低地飞翔的蝙蝠。

方角连

无限连接的图案象征着繁荣。手掌、手背全部设计成这种图案。

　　　图案设计：远藤佐绘子　　　制作：铃木裕子　　　使用线：Jamieson's Shetland Spindrift　　　编织方法 >> p.75

变形的棋盘格

两种颜色交错分布的棋盘，换一下配色，就可以形成新的交叉花样。

图案设计：远藤佐绘子　　制作：铃木裕子　　使用线：芭贝　British Fine　　编织方法 >> p.76

闪电

在手背上设计闪电花样，手掌上设计小小的菱形花样。
从手腕开始等针直编，整体给人时尚的感觉。

图案设计：远藤佐绘子　制作：林 比吕美　使用线：和麻纳卡　纯毛中细　编织方法 >> p.77

箭羽

箭羽花样寓意着吉祥和美好。
手套上的箭羽花样很接近实物，给人留下深刻的印象。

图案设计：远藤佐绘子　　制作：田野准子　　使用线：钻石线 DIAGOLD〈中细〉　　编织方法 >> p.78

变形的网格

网格花样的灵感来自捕鱼用的渔网,
加入纵向线条,使褐色的手腕看起来不突兀。

图案设计:远藤佐绘子　　制作:山口由佳里　　使用线:钻石线　DIAGOLD〈中细〉　编织方法 >> p.79

手套的基本编织技法

手套的起针方法和编织方法都有很多种，这里介绍配色编织要用到的技法。

手指挂线做环形的罗纹针起针

编织起点的效果类似罗纹针收针。

◎单罗纹针

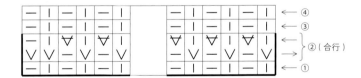

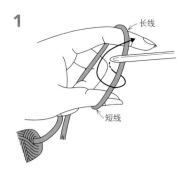

1

线挂在左手拇指和食指上，线头留织片宽度的3倍长。如箭头所示将1根棒针从前向后转动1次。下针完成。

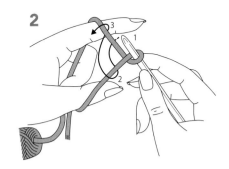

2

然后将针尖按照1、2、3的顺序从后面转动。上针完成。

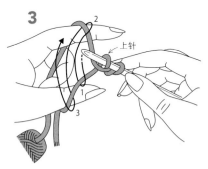

3

第3针编织下针。按照1、2、3的顺序从前面转动棒针。重复步骤2、3，编织所需要的针数。最后一针编织上针。

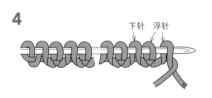

4

翻到反面。最初的2针编织浮针（线放在织片前面将针目滑到右棒针上）。

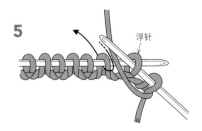

5

第3针编织下针。继续交替编织浮针、下针，隔1针编织。最后一针编织浮针。

6

翻到正面。第1针编织下针，下一针编织浮针。交替编织下针和浮针。编织步骤5中没有编织的针目。

7

最后一针编织上针。
重复1次步骤4~6完成1行（第2行）。这种重复叫作合行。

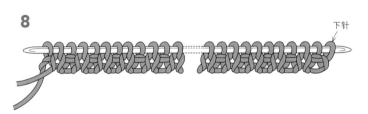

8

完成了第2行。第3行开始做环形编织。

◎编织起点的处理方法

9

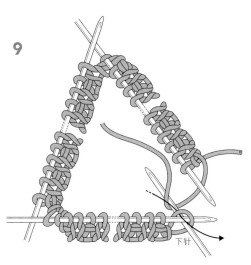

将针目均匀地分在 3 根棒针上，注意织片不要扭转。
第 3 行开始环形编织单罗纹针。

环形编织单罗纹针。最后将编织起点的 2 行
缝合。

将线头穿在毛线缝针上，挑起编织起点的针
目，引线填充行差。线出现在反面，处理完毕。

◎双罗纹针

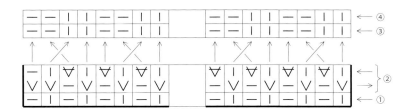

8

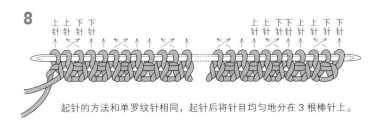

起针的方法和单罗纹针相同，起针后将针目均匀地分在 3 根棒针上。

9

第 3 行开始做环形编织。
第 2 行是单罗纹针，将上
针和下针交叉互换，编织
成双罗纹针。

下针和上针的互换方法　左上 1 针交叉（下侧是上针时）

1

如箭头所示将右棒针插入，
编织下针。

2

编织的针目不取下，如箭头所示从
后向前插入右侧的针目。

3

挂线编织上针。

环形编织的双罗纹针。最后
将编织起点的 2 行缝合。

配色花样的编织方法

◎横向渡线

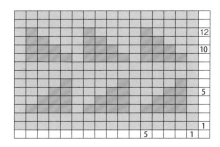

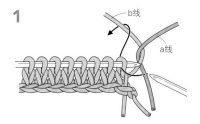

1 将a线缠在b线上，第1针用b线编织下针。

2 a线在b线上面，用a线编织4针下针。

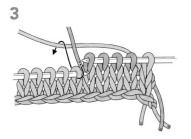

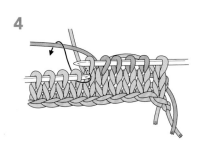

3 从a线下面拿起b线，编织1针。

4 然后从b线上面拿起a线编织。换线时总是b线在下、a线在上。不要缠住渡线。

> **要点**
> 如果将反面的渡线拉得过紧，织片就会不平整。渡线的长度要和不编织的针数一样长，然后编织下一针。

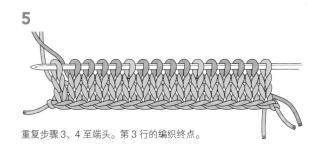

5 重复步骤3、4至端头。第3行的编织终点。

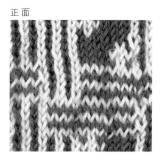

6 编织至第3行的反面。

将两种编织方法组合在一起

配色花样使用横向渡线的方法编织，但渡线很长的地方，可以在编织时包住渡线。 渡线过长时很容易被挂住，使织片看起来不整洁。 根据线的粗细和材质，如渡线针目超过3~5针时，编织配色花样时就要组合包住渡线的方法进行编织。

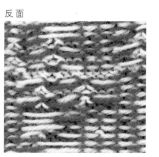

正面　　　反面

◎ 包住渡线编织

1

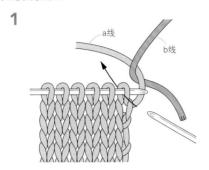

编织起点用 a 线夹住 b 线，用 a 线编织。

2

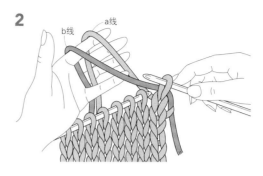

a 线放在后面，b 线放在前面，将 2 根线挂在左手食指上。

3

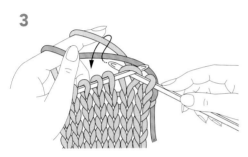

将 a 线从 b 线的上面绕过，用拇指压着 b 线，这样容易编织。

4

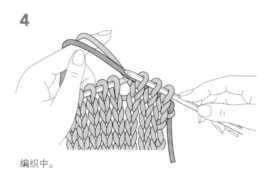

编织中。

5

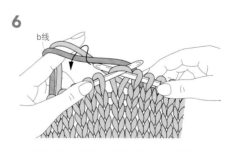

用 a 线包住 b 线时，a 线从 b 线下面经过。

6

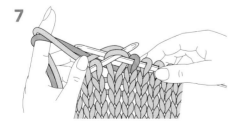

下一针从 b 线上方编织。回到 a 线在上、b 线在下。

7

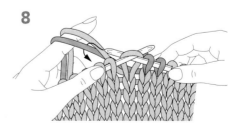

用 b 线包住 a 线编织时，用左手拇指在前面压住 a 线，从上面挂 b 线编织。

8

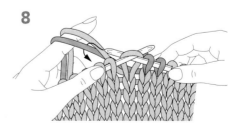

下一针从 a 线下方挂 b 线编织。回到 a 线在上、b 线在下。除了包住编织以外，都要保持 a 线在上、b 线在下的状态。

编织拇指

◎ 在拇指位置编入另线

※ 编织图是为了说明编织方法的，针数和花样会和图中有出入

1

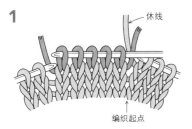

在拇指位置的前面编织，休线。用另线编织指定针数。

2

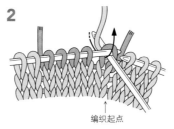

将编织过的针目移回到左棒针上，用休线编织。

3

在拇指位置编入1行另线，然后编织手掌部分。（右手）

◎ 拇指的挑针方法

左手、右手的拇指均从内侧开始编织。

1

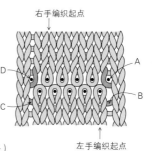

抽掉另线，将上下行的针目穿至棒针上。（右手）

上、下行的针目如图所示分开，在●位置挑针。

2

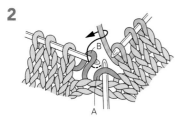

在编织起点加线，编织至A的前面。用右棒针挑起A，然后挑起渡线B，如箭头所示入针编织。

3

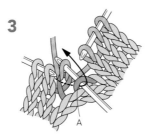

用A盖住步骤2编织的针目。

4

B和A编织右上2针并1针。

5

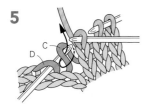

编织至C的前面，如箭头所示入针扭转针目，然后移回左棒针上。

6

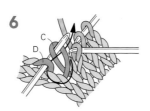

如箭头所示将右棒针插入D和C，编织下针。

7

D在上，编织左上2针并1针。

8

第1行编织好了，将针目分到3根棒针上。接下来进行环形编织。

指尖的缝合方法

线头留20cm左右，穿上毛线缝针。其余的针目一边从棒针上取下，一边穿入毛线缝针。同一个针目中穿入2次，收紧后处理好线头。

处理手指的编织起点

为避免加线的地方留下洞，将线头藏在织片里。

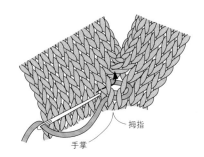

拇指
手掌

编织小指、无名指、中指、食指

◎ 编织小指

左手

食指　中指　无名指　小指

右手

小指　无名指　中指　食指

左、右手均从手掌边上连着线的小指处开始编织。

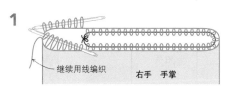

1

继续用线编织　　**右手　手掌**

将小指处的针目分到2根棒针上，剩余的针目穿上另线备用。

2

从下面开始用连着的线编织至侧缝前面的针目。

3

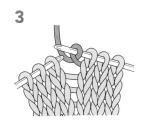

侧缝处的针目编织1针卷针。

4

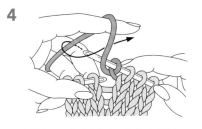

如箭头所示转动右棒针，将线绕在棒针上。

5

侧缝编织了2针卷针加针。

6

将针目分到3根棒针上，编织剩下的针目，第1行编织好了。

7

接下来进行环形编织。

◎编织无名指

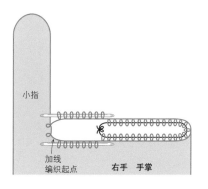

小指

加线
编织起点　右手　手掌

1 从休针开始，将无名指的针目移至 2 根棒针上。

指缝的编织要点

小指编织好后，指缝会变成图中的样子。从卷针加针编织的指缝针目 ● 和 ◎ 的另一侧挑针，但这样旁边会出现小洞，因此要将渡线 ☆ 和 ★ 扭一下，分别和针目 A、B 编织 2 针并 1 针。

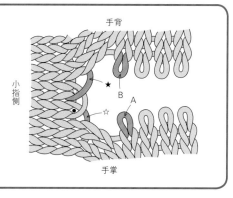

手背

小指侧

手掌

手掌处的 2 针并 1 针

2 将针目 A 移到第 3 根棒针上。

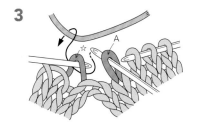

3 将第 4 根棒针插入渡线 ☆ 处，挑起来，按照图示将右棒针插入 ☆ 处。

4 重新加线，挂上所加的线并拉出。这时用右手拇指按住线头。

5 扭针编织好了。

6 用针目 A 盖住编织扭针的针目 ☆。

指缝的挑针

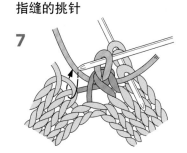

7 按照图示将右棒针插入指缝的针目 ●。

8 挂线。

9 将线拉出。

从 ●、◎ 挑起的针目

10 从 ● 和 ◎ 挑起 2 针（符号见右上图）。

手背处的 2 针并 1 针

11

用右棒针挑起渡线★（符号见 44 页右上图）。

12

从后向前插入左棒针，挑起针目编织扭针。按照图示插入右棒针。

13

编织左上 2 针并 1 针。

14

将针目B和★扭一下编织左上2针并1针

B 和 ★ 编织左上 2 针并 1 针（符号见 44 页右上图）。

15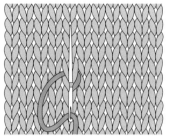

编织手背处的针目，指缝编织卷针加针，第 1 行完成了。

◎ 编织中指

参照无名指的编织方法编织。

◎ 编织食指

从中指编织卷针加针的指缝和手掌边上的休针挑针编织。

下针缝合

◎ 纵向前进

1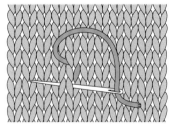

从反面向正面出针，将线拉出。从右向左将针插入 2 行上方的针目，将线拉出。

2

插入最初出针的地方，挑起中间的 1 根线出针。

3

重复"从右向左将针插入 2 行上方的针目，将线拉出，然后回到出针的位置"。

◎ 横向前进

1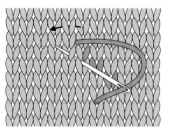

从反面向正面出针，将线拉出。「从右向左将针插入 2 行上方的针目，将线拉出。插入最初出针的地方，挑起左侧 2 根线出针。」

2

重复「　」中的做法。

◎ 斜向前进

从反面向正面出针，将线拉出。「从右向左将针插入 2 行上方的针目，将线拉出。插入最初出针的地方，挑起 1 针、1 行左上方的针目出针。」重复「　」中的做法。

连指手套指尖的缝合方法

编织针目分手掌和手背两部分，做下针的无缝缝合。将针目重叠着缝合，避免两端看起来尖尖的。

◎ 侧缝中央为 1 针时

※ 编织图是为了说明编织方法的，针数和花样会和图中有出入。

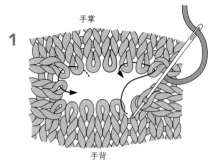

手掌

手背

首先，将毛线缝针插入手背的 3 针和手掌的 2 针中。

手掌

手背

最后，将毛线缝针插入手掌的 3 针和手背的 2 针中。

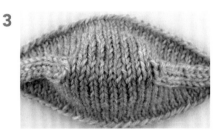

缝合完毕。

◎ 侧缝中央为 2 针时

参照侧缝中央为 1 针的情况，手背、手掌都在最先、最后时挑起 3 针缝合。

拇指下、侧缝的加针

拇指两边的侧缝编织扭加针。
扭针左右对称才会更漂亮。

◎ 右边

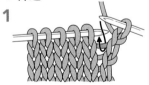

编织至加针前面的针目，按照图示将右棒针插入渡线。

将挑起的线圈移到左棒针上。

重新将右棒针插入线圈，挂线并拉出。

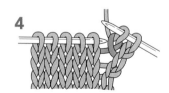

右边的扭加针编织好了。

◎ 左边

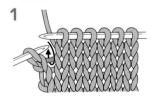

编织至加针前面的针目，按照图示将右棒针插入渡线。

将挑起的线圈移到左棒针上，如箭头所示重新插入右棒针。

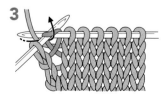

挂线并拉出来。

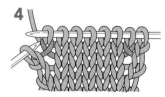

左边的扭加针完成了。

左手的编织方法

左手从和右手相同的一侧开始编织，左右对称编织。左手、右手的拇指均在内侧加线编织。(参照第 42 页)

◎从小指开始编织时

右手从手背、左手从手掌开始编织。手指部分按照小指、无名指、中指、食指的顺序编织，除编织起点的小指以外，均在手掌加线编织。(参照第 43~45 页)

◎从拇指开始编织时

右手从手掌、左手从手背开始编织。手指部分按照食指、中指、无名指、小指的顺序编织。除编织起点的食指以外，均在手掌加线编织。

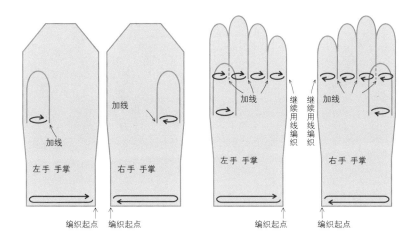

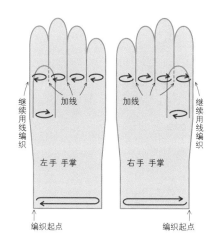

◎从小指开始编织时的花样　例：小樱

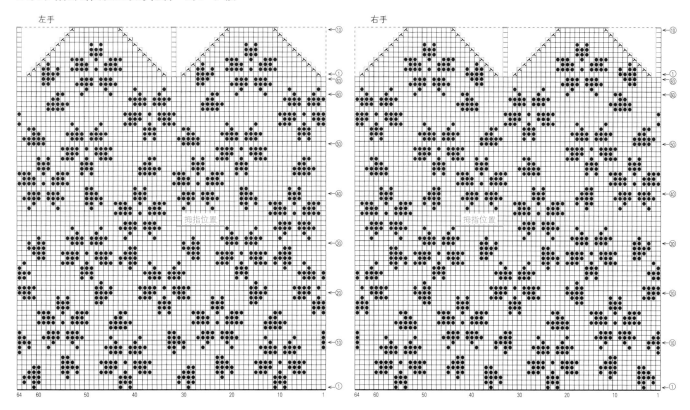

编织方法图的形状、编织花样的布局均左右对称。
编织方法页中，写着"左手和右手对称编织"时，参照上图左右对称编织。
（如果打印机有镜像的功能，可以左右对称着复印编织方法图。）

本书所用的毛线 图中的毛线为实物粗细

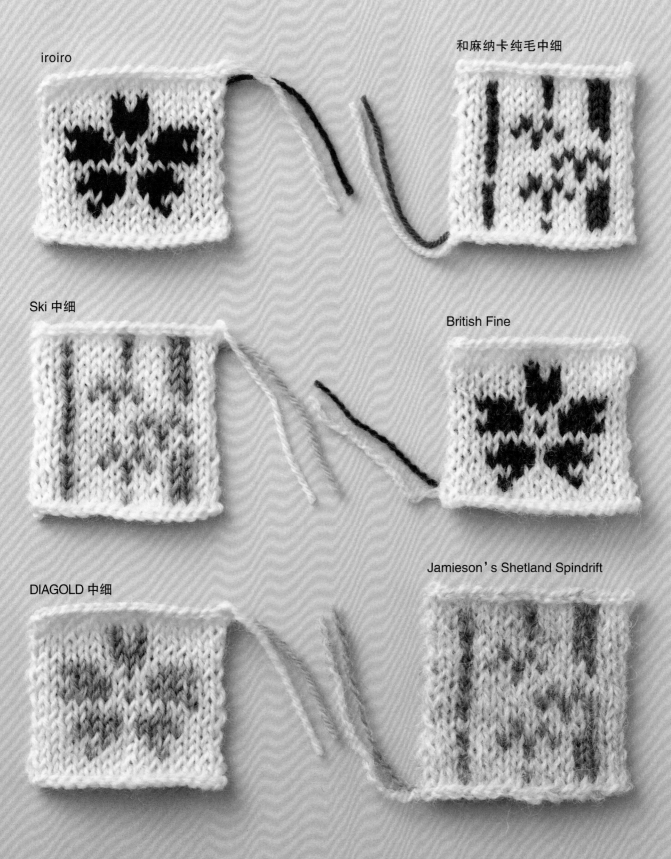

iroiro

和麻纳卡纯毛中细

Ski 中细

British Fine

DIAGOLD 中细

Jamieson's Shetland Spindrift

Ski 毛线元广株式会社 life style 事业部
http://www.skiyarn.com

线名	成分	规格	线长	色数	粗细	参考棒针号数	下针编织密度
Ski 中细	毛 100%	50g/团	约201m	25	中细	2、3号	32、33 针 42、43 行

钻石线 DIA   毛线株式会社
http://www.diakeito.co.jp

线名	成分	规格	线长	色数	粗细	参考棒针号数	下针编织密度
DIAGOLD ＜中细＞	毛 100%	50g/团	约200m	36	中细	2、3号	31、32 针 42、44 行

DARUMA 横田株式会社
http://www.daruma-ito.co.jp

线名	成分	规格	线长	色数	粗细	参考棒针号数	下针编织密度
iroiro	羊毛 100%	20g/团	约70m	50	中细	3、4号	25、26 针 35、36 行

芭贝   DAIDOH FORWARD 株式会社芭贝事业部
http://www.puppyarn.com

线名	成分	规格	线长	色数	粗细	参考棒针号数	下针编织密度
British Fine	羊毛 100%	25g/团	约116m	30	中细	3、5号	25、26 针 33、34 行

和麻纳卡   和麻纳卡（株式会社）
http://www.hamanaka.co.jp

线名	成分	规格	线长	色数	粗细	参考棒针号数	下针编织密度
和麻纳卡 纯毛中细	羊毛 100%	40g/团	约160m	33	中细	3号	28、29 针 37、38 行

Keito
http://www.keito-shop.com

线名	成分	规格	线长	色数	粗细	参考棒针号数
Jamieson's Shetland Spindrift	Shetland Wool 100%	25g/团	约105m	216	中细	3、5号

● 毛线的粗细只是一个大致标准。
● 毛线规格相关的问题请联系相应的毛线公司。

换线编织时的要点
换线编织时，虽然都写着中细，但不同的搓捻情况和材质，编织密度会有细微差别。不过手套这种配色编织的小物，编织密度不会有很大的差别。
配色花样部分的编织方法图可直接使用，棒针号数差 1 号，可以用这种方法调整密度。下针编织部分的手指等等针直编的地方，可以根据想要编织的
长度来调整行数。

小樱

〔作品见第 4 页〕

〔材料和工具〕
线…芭贝 British Fine
色号、色名、用量请参照图表
工具…3 号棒针

〔成品尺寸〕
掌围 20cm，长 22.5cm

〔编织密度〕
10cm×10cm 面积内：配色花样 32
针，34.5 行

〔编织要点〕
另线锁针做环形起针，从小指开始编
织。做编织花样至第 10 行。在山折
处折向内侧，编织第 11 行时，拆开
另线锁针挑针，和第 10 行的针目重
叠在一起，2 针一起编织下针。左手
的编织花样和右手相同，手背、手掌
的形状对称，配色花样也对称编织。

配色和毛线用量

	色号	色名	用量
□	068	玫瑰粉色	30g／2团
●	040	米色	15g／1团

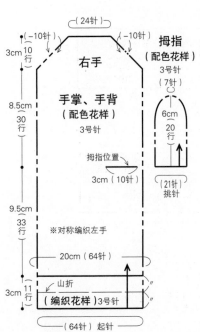

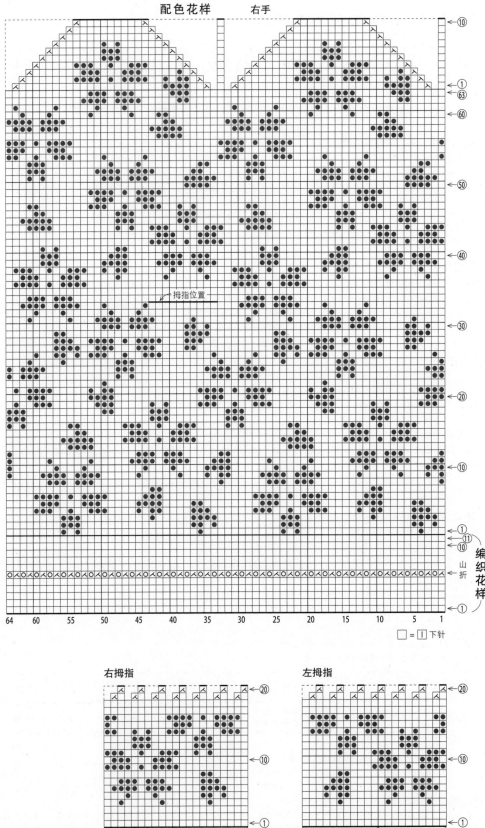

50

青海波

〔作品见第 5 页〕

〔材料和工具〕
线…Jamieson's Shetland Spindrift
色号、色名、用量请参照图表
工具…3 号、2 号棒针

〔成品尺寸〕
掌围 20cm，长 23cm

〔编织密度〕
10cm×10cm 面积内：配色花样
32 针，33 行

〔编织要点〕
双罗纹针做环形起针，从小指开始
编织。左手双罗纹针配色花样从和
右手相同的地方开始编织。手背、
手掌参照右手编织，形状和配色花
样均对称。

配色花样　　右手

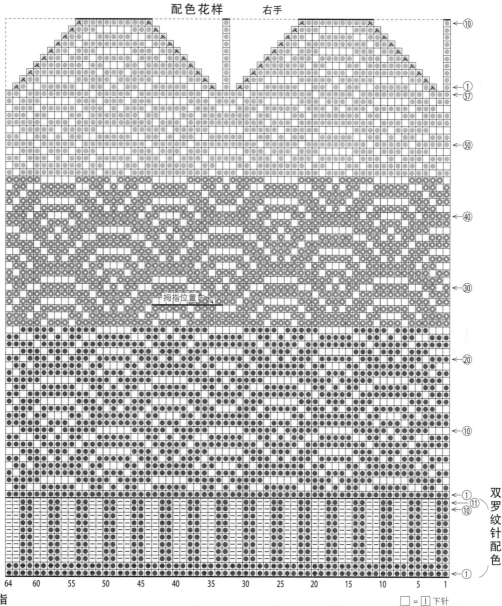

拇指位置

双罗纹针配色

□ = 〔I〕下针

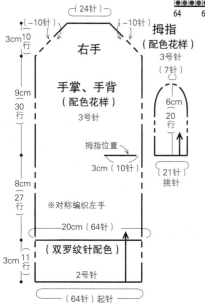

右手

手掌、手背
（配色花样）
3 号针

拇指
（配色花样）
3 号针
（7 针）

拇指位置
3cm（10 针）

6cm
20 行

（21 针）
挑针

※对称编织左手

20cm（64 针）

双罗纹针配色
2 号针

（64 针）起针

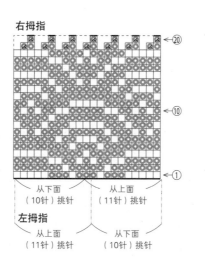

右拇指

左拇指

从下面
（10 针）挑针

从上面
（11 针）挑针

从上面
（11 针）挑针

从下面
（10 针）挑针

配色和毛线用量

	色号·英文色名	色名	用量
□	104· Nat.White	白色	20g / 1 团
●	168· Clyde Blue	蓝色	15g / 1 团
◎	660· Lagoon	浅蓝色	10g / 1 团
◉	655· China Blue	水蓝色	10g / 1 团

51

箭羽

〔作品见第6页〕

〔材料和工具〕
线…Jamieson's Shetland Spindrift
色号、色名、用量请参照图表
工具…3号棒针

〔成品尺寸〕
掌围20cm，长23.5cm

〔编织密度〕
10cm×10cm 面积内：配色花样
32针，33行

〔编织要点〕
手指做环形起针，从小指开始编织。
左手参照右手编织，形状和配色花
样均对称。

配色花样　右手

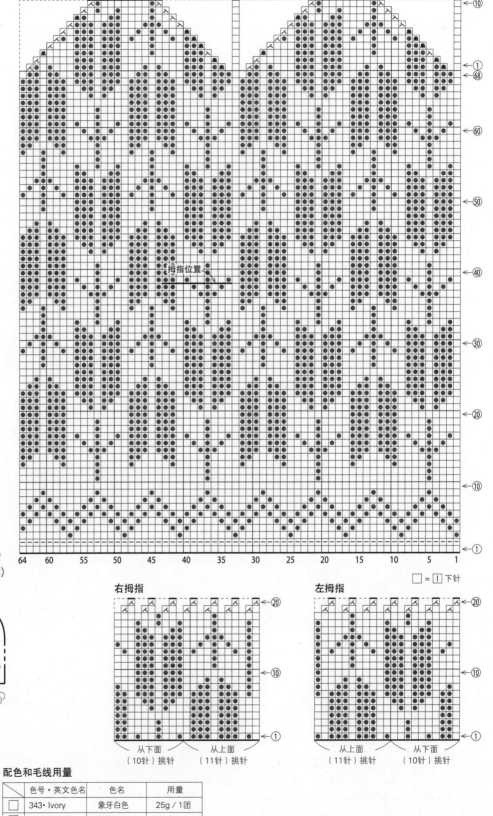

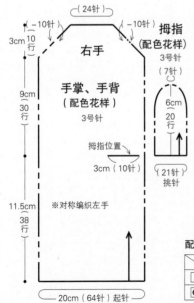

□ = 1 下针

右拇指　　　　　　左拇指

从下面　　从上面　　　　　从上面　　从下面
（10针）挑针（11针）挑针　　（11针）挑针（10针）挑针

配色和毛线用量

色号·英文色名		色名	用量
□	343·Ivory	象牙白色	25g／1团
●	770·Mint	薄荷绿色	20g／1团

花菱

〔作品见第 7 页〕

〔材料和工具〕
线···芭贝 British Fine 色号、
色名、用量请参照图表
工具···3 号棒针

〔成品尺寸〕
掌围 20cm，长 22cm

〔编织密度〕
10cm×10cm 面积内：配色
花样 32 针，35 行

〔编织要点〕
手指做环形起针，从小指开
始编织起伏针。左手的手背、
手掌参照右手编织，形状和
配色花样均对称。

配色花样 右手

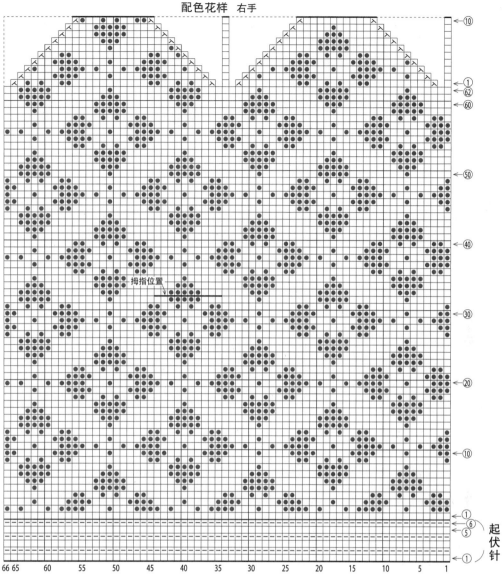

拇指位置

配色和毛线用量

	色号	色名	用量
□	001	白色	25g／1团
●	007	蓝色	20g／1团

□ = ① 下针

起伏针

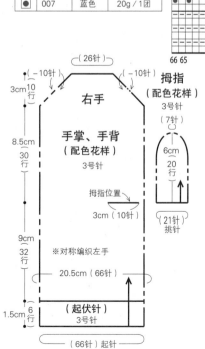

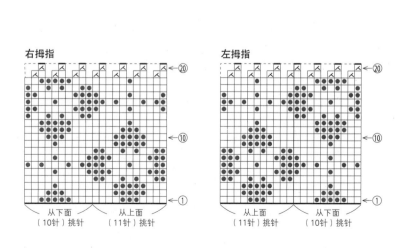

53

双重格

〔作品见第 8 页〕

〔材料和工具〕
线…DARUMA iroiro 色号、色名、用量
请参照图表
工具…3 号、2 号棒针

〔成品尺寸〕
掌围 20.5cm，长 21.5cm

〔编织密度〕
10cm×10cm 面积内：配色花样 32 针，
34 行

〔编织要点〕
单罗纹针做环形起针，从小指开始编织。
左手配色花样第 50 行以前，除拇指位置
以外，编织方法均和右手相同。

配色和毛线用量

色号·英文色名	色名	用量
□ 11·Brownie	褐色	35g / 2团
◉ 36·Navel	橙色	15g / 1团

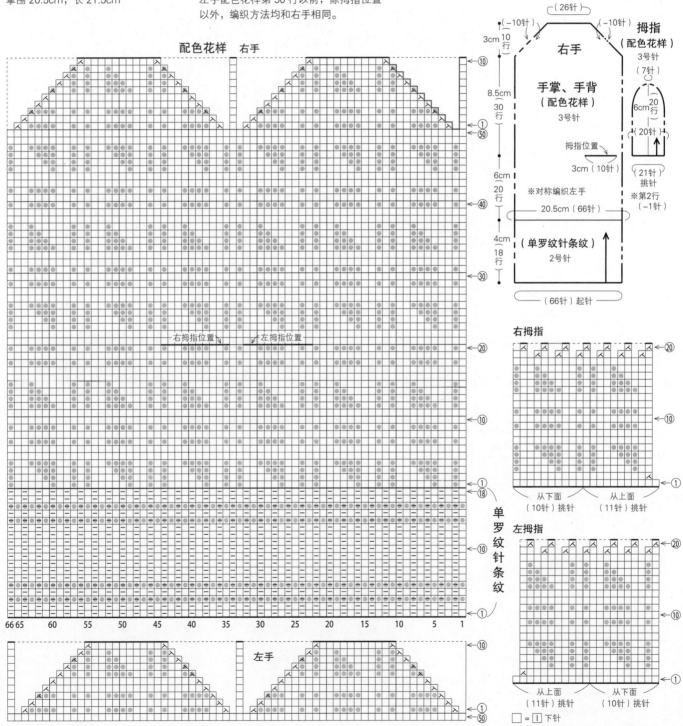

□ = 下针

锁纹和笼目

〔作品见第 9 页〕

〔材料和工具〕
线…Ski 毛线 Ski 中细 色号、色名、用量请参照图表
工具…3 号棒针

〔成品尺寸〕
掌围 20cm，长 21.5cm

〔编织密度〕
10cm×10cm 面积内：配色花样
笼目 32 针，35 行

〔编织要点〕
手指做环形起针，从小指开始编织。
左手锁纹的配色花样和右手相同。
手背、手掌参照右手编织，形状和
配色花样均对称。

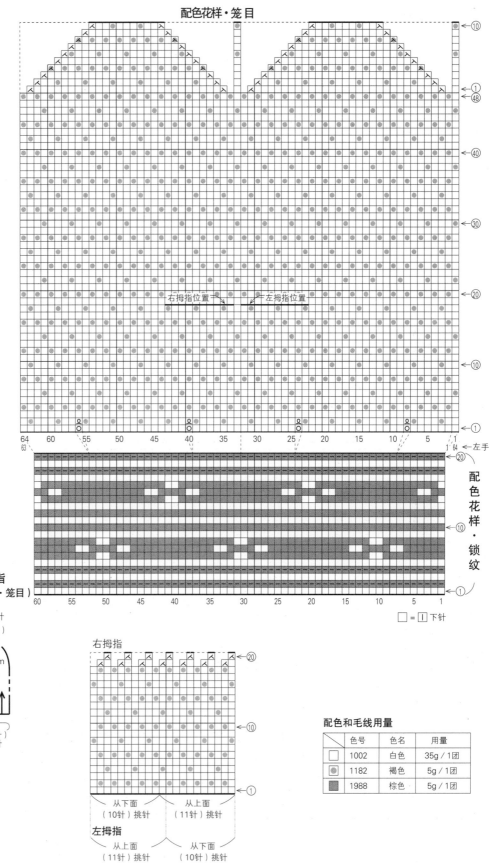

配色花样·笼目

右拇指位置 左拇指位置

← 左手

配色花样·锁纹

□ = ① 下针

拇指
（配色花样·笼目）

右手

手掌、手背
（配色花样·笼目）

3号针

拇指位置
3cm（10针）

3号针

6cm
20行

（21针）
挑针

3号针（7针）

※对称编织左手

20cm（64针）（+4针）

（配色花样·锁纹）

3号针

（60针）起针

右拇指

从下面
（10针）挑针
从上面
（11针）挑针

左拇指

从上面
（11针）挑针
从下面
（10针）挑针

配色和毛线用量

	色号	色名	用量
□	1002	白色	35g / 1团
⊙	1182	褐色	5g / 1团
▦	1988	棕色	5g / 1团

条纹棋盘格

〔作品见第 10 页〕

〔材料和工具〕
线···芭贝 British Fine 色号、色名、用量
请参照图表
工具···3 号、2 号棒针
〔成品尺寸〕
掌围 19cm，长 22.5cm
〔编织密度〕
10cm×10cm 面积内：配色花样 30 针，
34 行
〔编织要点〕
单罗纹针做环形起针，从小指开始编织。
按照小指、无名指、中指、食指的顺序，
分别做环形编织。拇指拆开另线锁针挑
针，环形编织。左手参照右手对称编织。

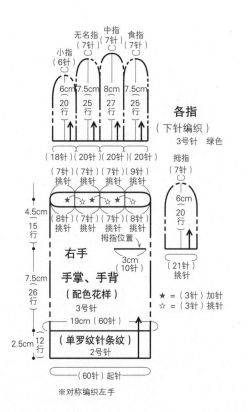

配色和毛线用量

	色号	色名	用量
☐	001	白色	15g／1团
⬤ ▦	055	绿色	25g／1团

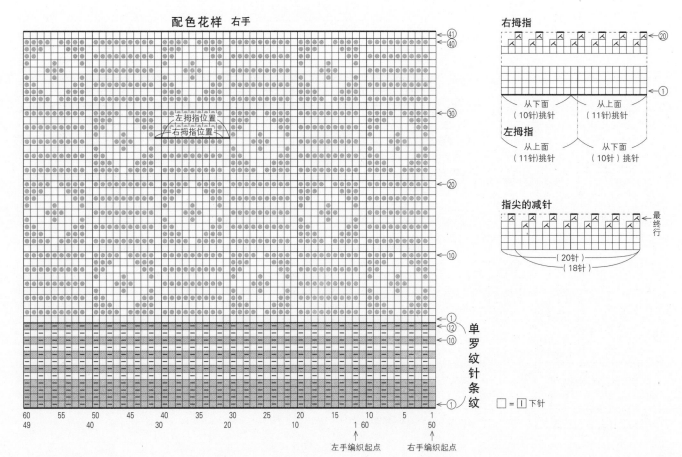

□ = [I] 下针

篱笆格

〔作品见第 11 页〕

〔材料和工具〕
线…钻石线 DIAGOLD〈中细〉
色号、色名、用量请参照图表
工具…3 号棒针

〔成品尺寸〕
掌围 20cm，长 23.5cm

〔编织密度〕
10cm×10cm 面积内：配色花样 32 针，
34 行

〔编织要点〕
手指做环形起针，从小指开始编织。
手背、手掌除拇指位置以外，左手和
右手的编织方法均相同。手指按照小
指、无名指、中指、食指的顺序，分
别做环形编织。拇指抽掉另线挑针，
做环形编织。

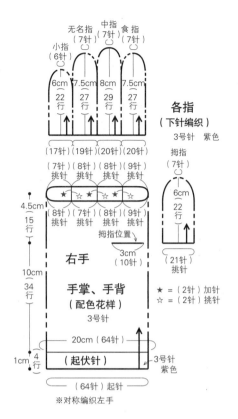

各指
（下针编织）
3号针　紫色

配色和毛线用量

	色号	色名	用量
◎	299	紫色	35g / 1团
□	1222	象牙白色	20g / 1团

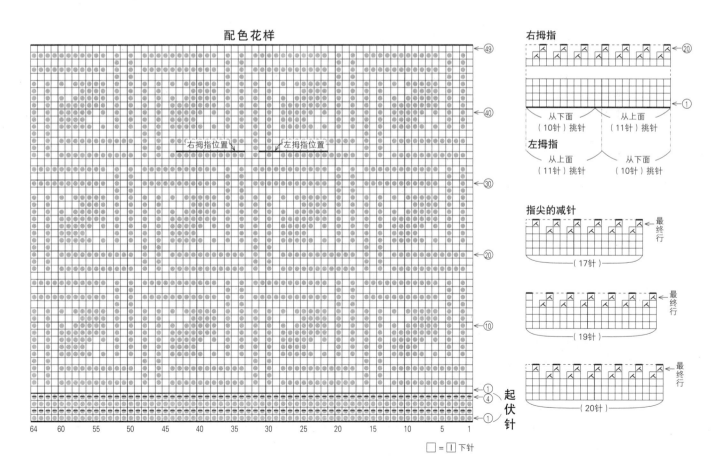

□ = ① 下针

竹与雀

〔作品见第14页〕

〔材料和工具〕
线…和麻纳卡 纯毛中细
色号、色名、用量请参照图表
工具…3号、2号棒针

〔成品尺寸〕
掌围20cm，长22cm

〔编织密度〕
10cm×10cm 面积内：配色花样 32 针，
35 行

〔编织要点〕
单罗纹针做环形起针，从小指开始编织。
编织配色花样第1行时，将针目向右错
1针，使罗纹针部分的绿色下针和手背中
央的绿色针目在同一条直线上。左手按
照相同要领错开编织。

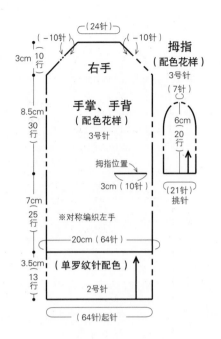

配色和毛线用量

	色号	色名	用量
□	1	白色	30g / 1团
◉	24	绿色	20g / 1团
●	44	褐色	少量 / 1团

●=随后下针缝合

配色花样 左手

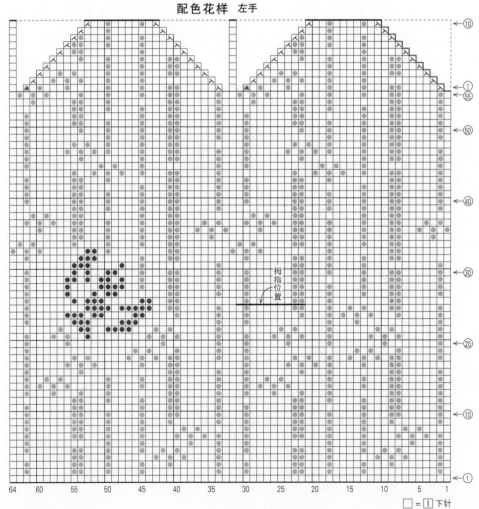

右拇指

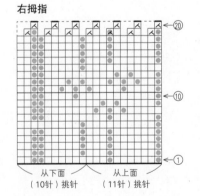

从下面 （10针）挑针　从上面（11针）挑针

左拇指

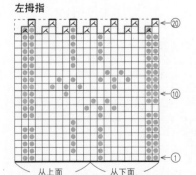

从上面（11针）挑针　从下面（10针）挑针

□=回 下针

配色花样　右手

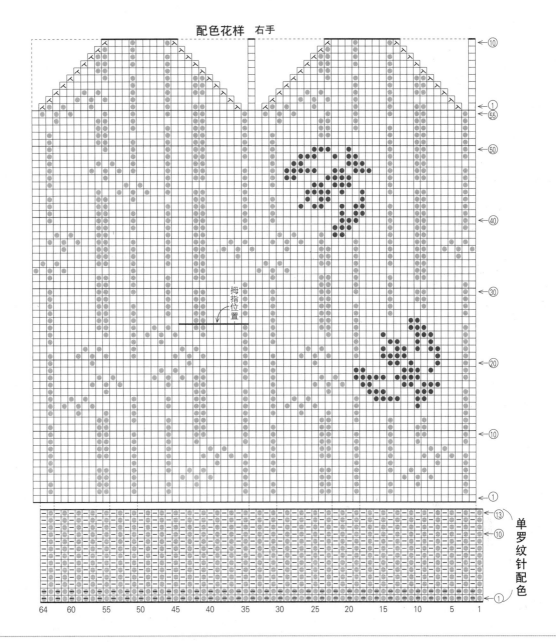

拇指位置

→⑩
←①
←55
←50
←40
←30
←20
←⑩
←①
⑬
⑩
①

单罗纹针配色

64　60　　55　　50　　45　　40　　35　　30　　25　　20　　15　　10　　5　　1

麻叶

〔下接第69页〕

食指、无名指

配色花样

手背（11针）

手掌（9针）

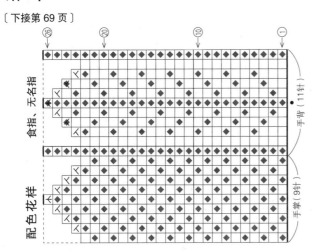

拇指、中指、小指

手背（11针）

手掌（8针）

（10针）

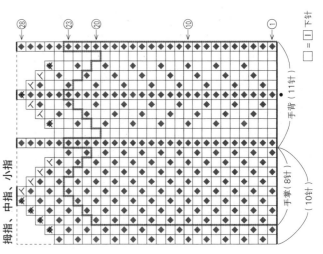

□=□ 下针

□ 未确定

※各手指的编织起点位置要结合手背中心（・・）未确定

杜若

〔作品见第 17 页〕

〔材料和工具〕
线…Ski 毛线　Ski 中细　色号、色名、
用量请参照图表
工具…3 号、2 号棒针

〔成品尺寸〕
掌围 19cm，长 23cm

〔编织密度〕
10cm×10cm 面积内：配色花样 32 针，
33 行

〔编织要点〕
单罗纹针做环形起针，从小指开始编织。
手指按照小指、无名指、中指、食指的
顺序，分别做环形编织。左手单罗纹针
的编织方法和右手相同，手背、手掌对
称编织。各手指的编织方法和第 56 页《条
纹棋盘格》相同。

配色和毛线用量

	色号	色名	用量
□	1622	紫色	35g／1团
◉	1990	绿色	10g／1团
●	1947	涩粉色	5g／1团

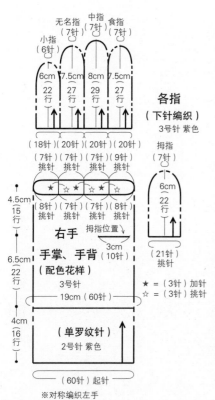

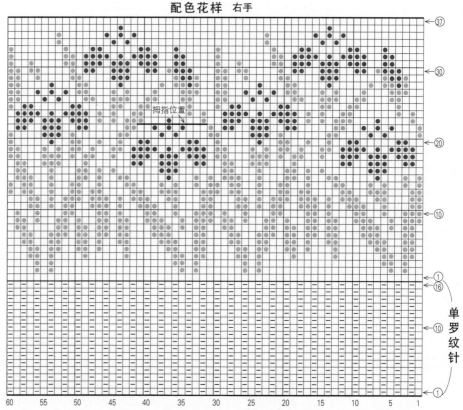

配色花样　右手

拇指位置

单罗纹针

左手

拇指位置

□ = 1 下针

木瓜纹

〔作品见第16页〕

〔材料和工具〕

线…和麻纳卡 纯毛中细
色号、色名、用量请参照图表
工具…3号、2号棒针

〔成品尺寸〕

掌围20cm，长23cm

〔编织密度〕

10cm×10cm 面积内：配色花样30.5针，33行

〔编织要点〕

双罗纹针做环形起针，从小指开始编织14行。配色花样的第1行向右错开1针，使双色交互配色的部分和罗纹针在同一条直线上。手指按照小指、无名指、中指、食指的顺序，分别做环形编织。各手指的编织方法和第57页《篱笆格》相同。

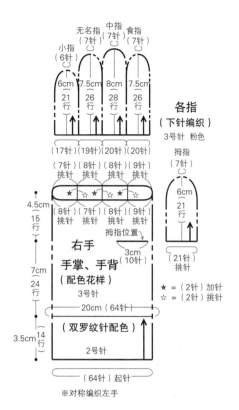

各指
（下针编织）
3号针 粉色

拇指
（7针）

※对称编织左手

配色和毛线用量

	色号	色名	用量
□	31	粉色	35g / 1团
◉	24	绿色	10g / 1团
●	18	紫色	10g / 1团

配色花样

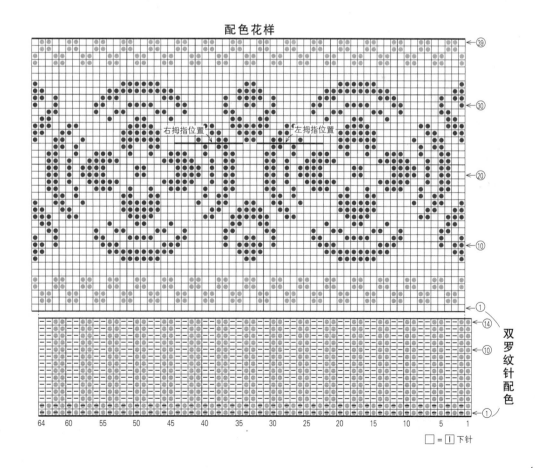

□ = 1 下针

七宝连

〔作品见第 18 页〕

〔材料和工具〕
线…Jamieson's Shetland Spindrift
色号、色名、用量请参照图表
工具…3 号、2 号棒针

〔成品尺寸〕
掌围 20cm，长 23cm

〔编织密度〕
10cm×10cm 面积内：配色花样 32
针，33 行

〔编织要点〕
双罗纹针做环形起针，从小指开始编
织。手指按照小指、无名指、中指、
食指的顺序，分别做环形编织。左手
单罗纹针的编织方法和右手相同，手
背、手掌对称编织。 各手指的编织
方法和第 56 页《条纹棋盘格》相同。

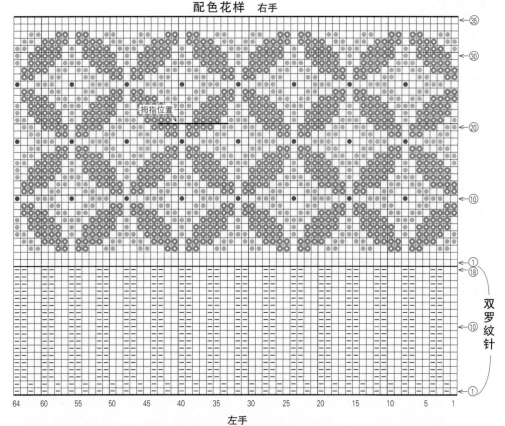

配色花样 右手

拇指位置

双罗纹针

左手

拇指位置

64 60 55 50 45 40 35 30 25 20 15 10 5 1

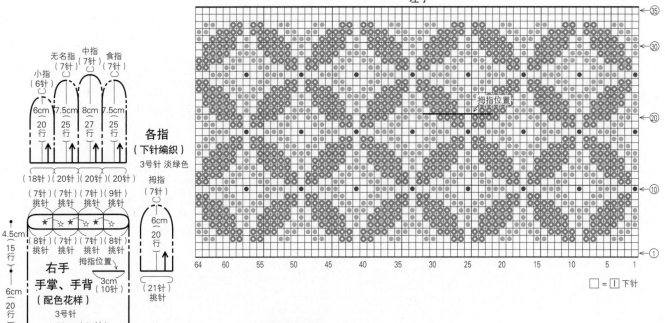

无名指 中指 食指
（7针）（7针）（7针）
小指
（6针）
6cm 7.5cm 8cm 7.5cm
20行 25行 27行 25行
（18针）（20针）（20针）（20针）
挑针 挑针 挑针 挑针

★☆ ☆★ ★☆ ☆★
（8针）（7针）（7针）（8针）
挑针 挑针 挑针 挑针

4.5cm
15行

右手
手掌、手背
（配色花样）
3号针

6cm
20行

20cm（64针）

（双罗纹针）
2号针 淡绿色

5cm
18行

（64针）起针

※对称编织左手

各指
（下针编织）
3号针 淡绿色

拇指
（7针）
（9针）
挑针

6cm
20行

拇指位置
3cm
（10针）

（21针）
挑针

★ =（3针）加针
☆ =（3针）挑针

□ = [1] 下针

配色和毛线用量

	色号・英文色名	色名	用量
□	274・Green Mist	淡绿色	35g / 2团
◉	390・Daffodil	黄色	5g / 1团
◎	232・Blue Lovat	青蓝绿色	5g / 1团
●	500・Scarlet	红色	少量 / 1团

波上千鸟

〔作品见第 19 页〕

配色和毛线用量

	色号·DARUMA色名	色名	用量
□	13·群青色	蓝色	35g / 2团
◉	1·本白色	白色	15g / 1团

〔材料和工具〕
线…DARUMA iroiro
色号、色名、用量请参照图表
工具…3 号棒针

〔成品尺寸〕
掌围 19cm，长 22.5cm

〔编织密度〕
10cm×10cm 面积内：配色花样 32 针，
34.5 行

〔编织要点〕
手指做环形起针，从小指开始编织。手
指按照小指、无名指、中指、食指的顺序，
分别做环形编织。左手单罗纹针的编织
方法和右手相同，手背、手掌对称编织。
各手指的编织方法参见第 57 页《篱笆
格》。

配色花样　右手

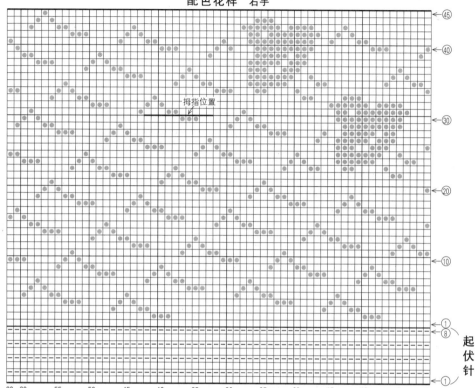

左手

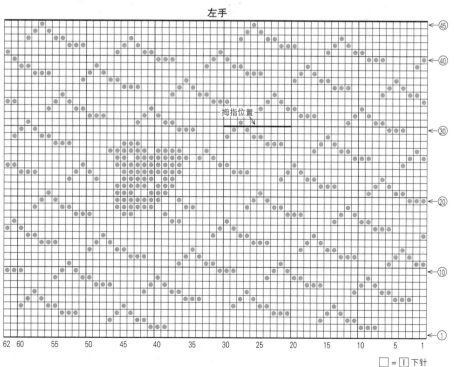

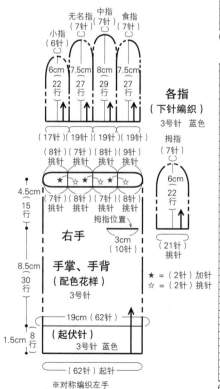

□ = ⊺ 下针

赤牛

〔作品见第20页〕

配色和毛线用量

	色号	色名	用量
☐	001	白色	25g / 1团
◉	006	红色	20g / 1团
●	022	棕色	少量 / 1团

● =随后下针缝合

〔材料和工具〕
线…芭贝 British Fine 色号、色名、
用量请参照图表
工具…3号、2号棒针

〔成品尺寸〕
掌围 20cm，长 24cm

〔编织密度〕
10cm×10cm 面积内：配色花样 34 针，
34.5 行

〔编织要点〕
单罗纹针做环形起针，从小指开始编织。
第 3 行开始编织 2 针下针、1 针上针组成
的变形的罗纹针配色花样。左手和右手
对称编织，但手背上的赤牛花样按照和
右手相同的方向编织。

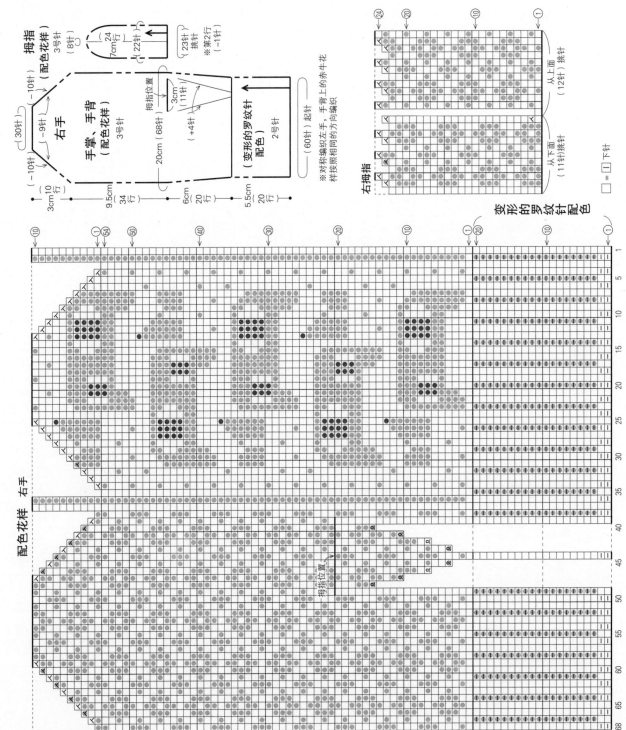

铁壶

〔作品见第 22 页〕

配色和毛线用量

	色号·DARUMA色名	色名	用量
□	17·夜空色	蓝色	30g / 2团
◉	38·樱桃粉色	粉色	25g / 2团

〔材料和工具〕
线…DARUMA iroiro 色号、色名、用量
请参照图表
工具…3 号、2 号棒针

〔成品尺寸〕
掌围 20cm，长 24.5cm

〔编织密度〕
10cm×10cm 面积内：配色花样
34 针，34 行

〔编织要点〕
单罗纹针做环形起针，从小指开始编织。
第 3 行开始编织 2 针下针、1 针上针组成
的变形的罗纹针配色花样。左手和右手
对称编织。

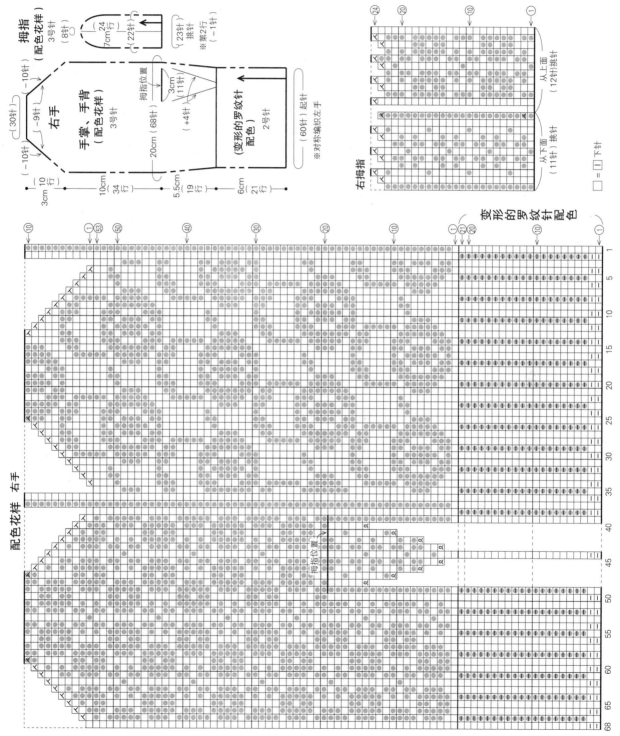

65

藤编马

〔作品见第 23 页〕

〔材料和工具〕
线…DARUMA iroiro 色名、
色号、用量请参照图表
工具…3 号、2 号棒针

〔成品尺寸〕
掌围 20cm，长 24.5cm

〔编织密度〕
10cm×10cm 面积内：配
色花样 34 针，34 行

〔编织要点〕
双罗纹针做环形起针，从小
指开始编织。左手和右手对
称编织，但手背上的藤编马
花样按照和右手相同的方向
编织。拇指抽掉另线挑针，
做环形编织。

配色和毛线用量

	色号·DARUMA色名	色名	用量
□	12·藏青色	藏青色	35g／2团
◉	9·沙米色	米色	30g／2团
—	19·海蓝色	水蓝色	少量／1团

━━ =随后做直线绣

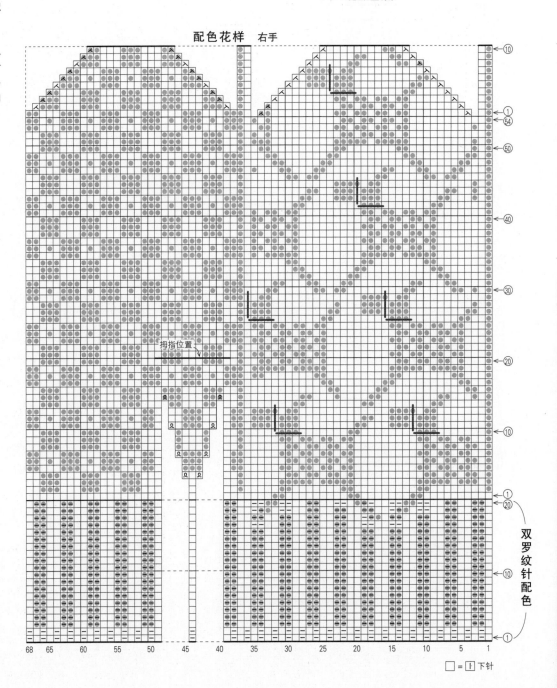

配色花样　右手

拇指位置

双罗纹针配色

□ = |下针

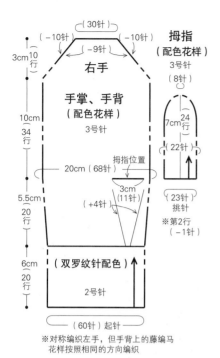

（30针）
（-10针）　（-10针）
3cm 10行
（-9针）
右手
拇指
（配色花样）
3号针
（8针）

手掌、手背
（配色花样）
3号针
10cm 34行

20cm（68针）
拇指位置
7cm 24行
22针

3cm（11针）
（+4针）
5.5cm 20行
（23针挑针）
※第2行（-1针）

（双罗纹针配色）
6cm 20行
2号针

（60针）起针

※对称编织左手，但手背上的藤编马
花样按照相同的方向编织

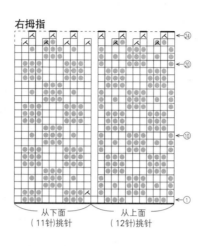

右拇指

从下面（11针）挑针　从上面（12针）挑针

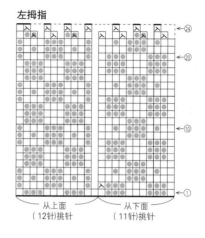

左拇指

从上面（12针）挑针　从下面（11针）挑针

配色花样 左手

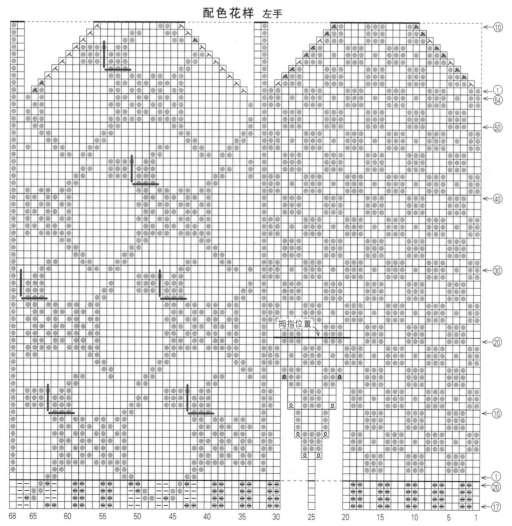

拇指位置

68　65　60　55　50　45　40　35　30　25　20　15　10　5　1

八重菱和市松

〔作品见第24页〕

〔材料和工具〕
线…DARUMA iroiro
色号、色名、用量请参照图表
工具…2号、1号棒针

〔成品尺寸〕
掌围20cm，长28.5cm

〔编织密度〕
10cm×10cm 面积内：配色花样38针，
38行

〔编织要点〕
手指做环形起针，从拇指开始编织。手
指部分按照食指、中指、无名指、小指
的顺序分别做环形编织。各指尖最终行
编织2针并1针的减针，剩余的针目每
隔1针穿线，绕2圈收紧。拇指从下面
挑11针，从上面挑12针，将下面两侧
的渡线扭一下挑针。（拇指的挑针方法，
参见第42页，拇指挑针位置的A和B、
C和D不要重叠，要分别挑针。）

配色和毛线用量

	色号・DARUMA色名	色名	用量		色号・DARUMA色名	色名	用量
□	25・橄榄色	橄榄色	50g／3团	◉	24・苔绿色	浅绿色	少量／1团
◆	13・群青色	蓝色	少量／1团	▣	26・三叶草色	草绿色	少量／1团
◈	29・金丝雀色	黄色	少量／1团	●	4・黄豆粉色	浅米色	少量／1团
✕	21・薄荷绿色	浅绿色	少量／1团	◎	7・豆蔻色	浅褐色	少量／1团
⊡	16・孔雀绿色	绿蓝色	少量／1团	■	8・砖红色	砖红色	少量／1团

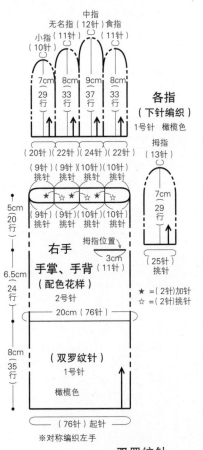

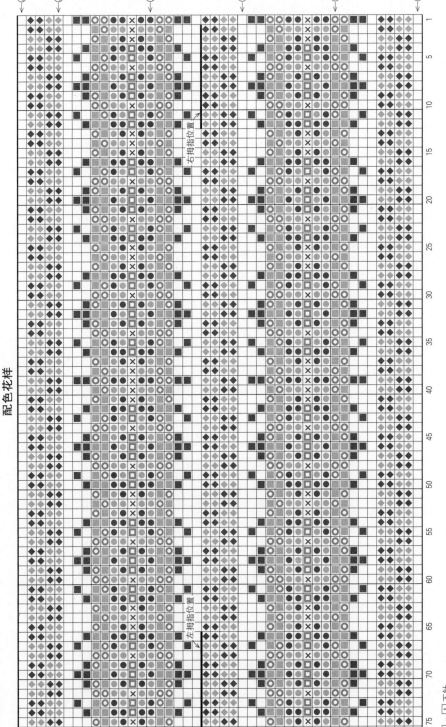

配色花样

68

麻叶

〔作品见第 26 页〕

〔材料和工具〕
线…Jamieson's Shetland Spindrift
色号、色名、用量请参照图表
工具…3 号、1 号棒针

〔成品尺寸〕
掌围 20cm，长 27.5cm

〔编织密度〕
10cm×10cm 面积内：配色花样 31 针，
32 行

〔编织要点〕
手指做环形起针，从拇指开始编织。手指部分按照食指、中指、无名指、小指的顺序编织，侧缝的卷针使用棕色线。拇指从下面挑 9 针，从上面挑 10 针，将下面两侧的渡线扭一下挑针。（拇指的挑针方法，参见第 42 页，拇指挑针位置的 A 和 B、C 和 D 不要重叠，要分别挑针。）

※ 手指的编织图参见第 59 页

配色和毛线用量

色号·英文色名	色名	用量	色号·英文色名	色名	用量
□ 246 · Wren	黄褐色	30g / 2团	◆ 248 · Havana	棕色	15g / 1团
▲ 720 · Dewdrop	蓝绿色混合	少量 / 1团	■ 236 · Rosewood	红色混藏青色	少量 / 1团
◎ 243 · Storm	褐蓝绿色	少量 / 1团	■ 198 · Peat	棕色混色	少量 / 1团
● 240 · Yell Sound Blue	绿蓝色	少量 / 1团	□ 375 · Flax	亚麻色	少量 / 1团
◆ 794 · Eucmalyptus	桉树色	少量 / 1团	× 429 · Old Gold	金褐色	少量 / 1团
■ 1130 · Licmhen	绿灰色	少量 / 1团			

双罗纹针

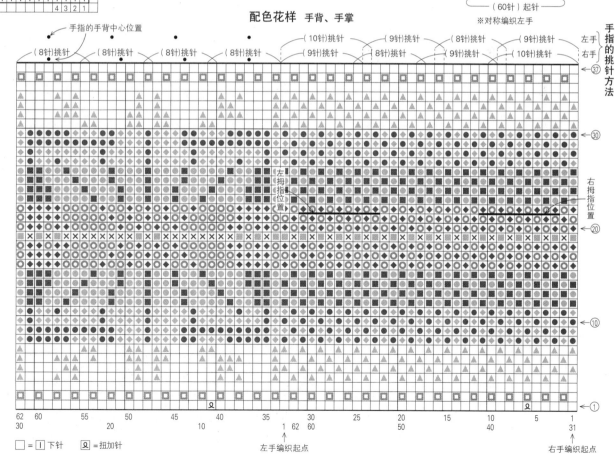

配色花样 手背、手掌

□ = 下针　　Ω = 扭加针

左手编织起点　　　　　　右手编织起点

莲花

〔作品见第 25 页〕

〔材料和工具〕
线…DARUMA iroiro 色名、色号、用量
请参照图表
工具…2 号、1 号棒针

〔成品尺寸〕
掌围 18.5cm，长 23.5cm

〔编织密度〕
10cm×10cm 面积内：配色花样 38 针，
38 行

〔编织要点〕
手指做环形起针，从拇指开始编织。左
手罗纹针的编织方法和右手相同。手背、
手掌参照右手编织，形状和配色花样均
对称。各指尖最终行编织 2 针并 1 针的
减针，剩余的针目每隔 1 针穿线，绕 2
圈收紧。拇指从下面挑 9 针，从上面挑
10 针，将下面两侧的渡线扭一下挑针。（拇
指的挑针方法参见第 42 页，拇指挑针位
置的 A 和 B、C 和 D 不要重叠，要分别
挑针。）

配色和毛线用量

	色号·DARUMA色名	色名	用量
□	48·暗灰色	暗灰色	30g／2团
▣	43·胡萝卜色	深粉色	10g／1团
■	44·浆果色	涩深粉色	10g／1团
◎	22·汽水蓝色	黄水蓝色	少量／1团
⊡	28·开心果色	浅黄绿色	少量／1团
●	27·新茶绿色	黄绿色	少量／1团

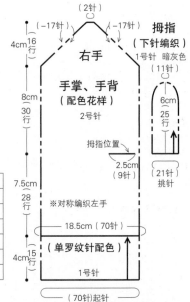

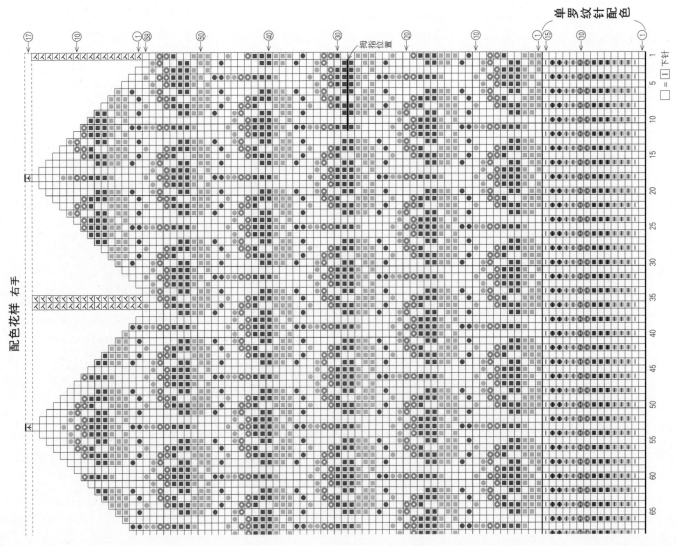

龟甲花菱

〔作品见第 28 页〕

〔材料和工具〕

线…Jamieson's Shetland Spindrift 色名、
色号、用量请参照图表
工具…3 号、1 号棒针

〔成品尺寸〕

掌围 18cm，长 25.5cm

〔编织密度〕

10cm×10cm 面积内：配色花样 31 针，
34 行

〔编织要点〕

手指做环形起针，从拇指侧开始编织。
手指部分按照食指、中指、无名指、小
指的顺序分别做环形编织。指尖最终行
编织 2 针并 1 针的减针，剩余的针目每
隔 1 针穿线，绕 2 圈收紧。拇指从下面
挑 8 针，从上面挑 9 针，将下面两侧的
渡线扭一下挑针。（拇指挑针方法参见第
42 页，拇指挑针位置的 A 和 B、C 和 D
不要重叠，要分别挑针。）

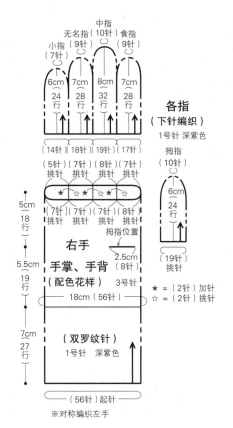

（拇指挑针方法参见第 42 页

配色和毛线用量

	色号·英文色名	色名	用量
☐	598 · Mulberry	深紫色	25g / 1 团
▣	726 · Prussian Blue	普鲁士蓝色	少量 / 1 团
▢	168 · Clyde Blue	青蓝色	少量 / 1 团
◉	563 · Rouge	胭脂色	少量 / 1 团
◆	Old Rose	烟粉色	少量 / 1 团
▲	616 · Anemone	浅紫色	少量 / 1 团
●	1140 · Granny Smith	嫩叶色	少量 / 1 团
◎	365 · Chartreuse	灰黄绿色	少量 / 1 团
■	390 · Daffodil	黄色	少量 / 1 团
◆	140 · Rye	黄灰色	少量 / 1 团
▲	343 · Ivoly	象牙白色	少量 / 1 团
✕	134 · Blue Danube	水蓝色	少量 / 1 团

配色花样

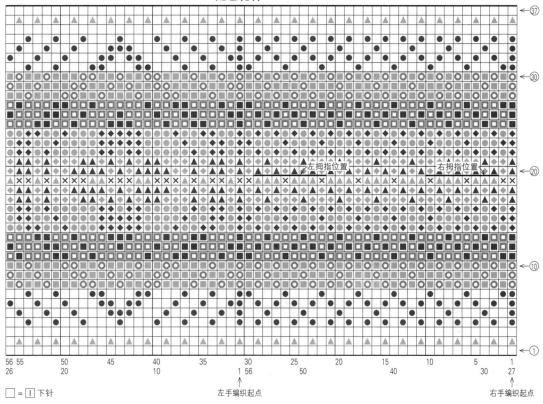

71

立波之鹤

〔作品见第 12 页〕

〔材料和工具〕
线…和麻纳卡 纯毛中细 色号、
色名、用量请参照图表
工具…3 号、2 号棒针

〔成品尺寸〕
掌围 20cm，长 21.5cm

〔编织密度〕
10cm×10cm 面积内：配色花样
32 针，34 行

〔编织要点〕
双罗纹针做环形起针，从小指开
始编织。左手双罗纹针的编织方
法和右手相同。手背、手掌参照
右手编织，形状和配色花样均对
称。

配色花样 右手

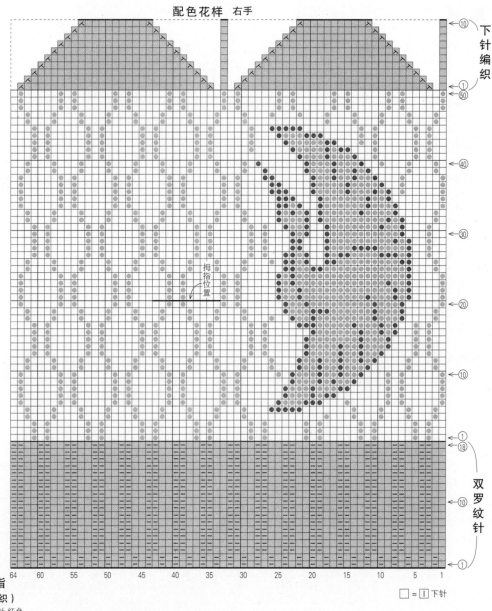

下针编织

双罗纹针

□ = [I] 下针

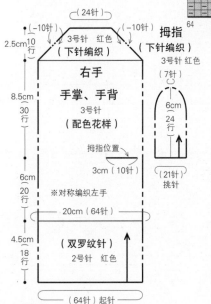

右拇指

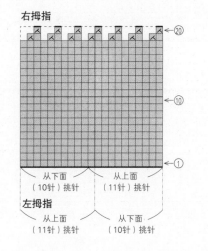

配色和毛线用量

	色号	色名	用量
□	1	白色	20g／1团
▦●	10	红色	20g／1团
●	33	芥末黄色	15g／1团

● = 随后下针缝合

双色横条纹

〔作品见第 30 页〕

〔材料和工具〕
线…和麻纳卡 纯毛中细
色号、色名、用量请参照图表
工具…3 号、2 号棒针

〔成品尺寸〕
掌围 22.5cm，长 23.5cm

〔编织密度〕
10cm×10cm 面积内：配色花样 32
针，34.5 行

〔编织要点〕
双罗纹针做环形起针，从小指开始编
织。手指按照小指、无名指、中指、
食指的顺序，分别做环形编织。拇指
抽掉另线挑针，做环形编织。

配色和毛线用量

	色号	色名	用量
◉	17	青蓝色	35g / 1 团
□	1	白色	25g / 1 团

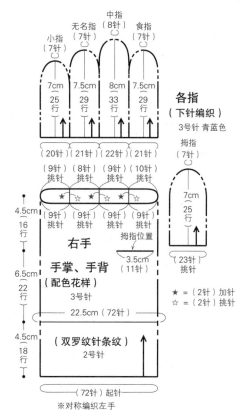

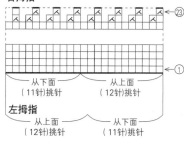

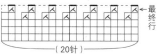

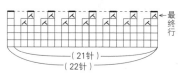

配色花样　右手

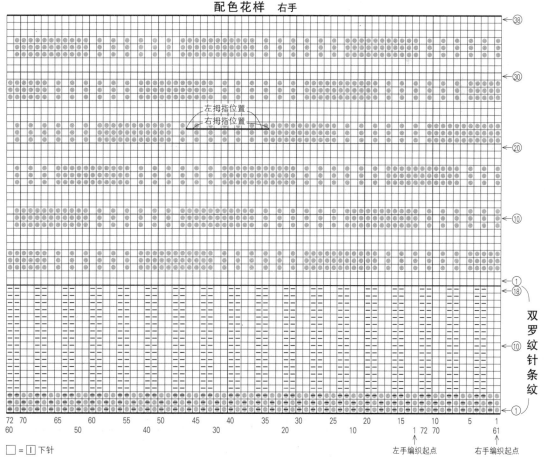

□ = | 下针

蝙蝠

〔作品见第 31 页〕

〔材料和工具〕
线…Ski 毛线 Ski 中细 色号、色名、用量
请参照图表
工具…3 号、2 号棒针

〔成品尺寸〕
掌围 22.5cm，长 23.5cm

〔编织密度〕
10cm×10cm 面积内：配色花样 32 针，
34.5 行

〔编织要点〕
双罗纹针做环形起针，从小指开始编织。
手指按照小指、无名指、中指、食指的
顺序，分别做环形编织。拇指抽掉另线
挑针，做环形编织。各手指的编织方法
和第 73 页《双色横条纹》相同。

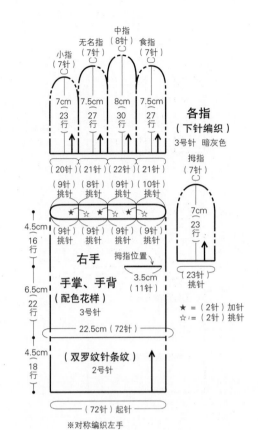

各指
（下针编织）
3号针 暗灰色

※对称编织左手

★ =（2针）加针
☆ =（2针）挑针

配色和毛线用量

	色号	色名	用量
□	1860	暗灰色	45g / 1团
◉	1805	灰色	10g / 1团

配色花样

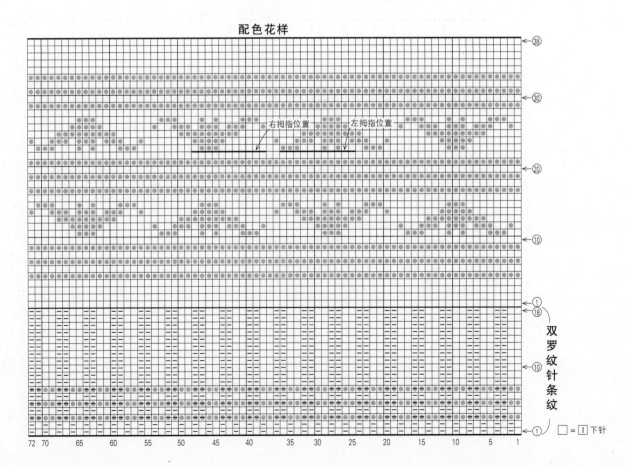

双罗纹针条纹

□ = ① 下针

方角连

〔作品见第 32 页〕

〔材料和工具〕
线…Jamieson's Shetland Spindrift 色号、
色名、用量请参照图表
工具…3 号、2 号棒针

〔成品尺寸〕
掌围 22.5cm，长 23.5cm

〔编织密度〕
10cm×10cm 面积内：配色花样 32 针，
34.5 行

〔编织要点〕
双罗纹针做环形起针，从小指开始编织。
手指按照小指、无名指、中指、食指的
顺序，分别做环形编织。 拇指抽掉另线
挑针，做环形编织。各手指的编织方法
和第 73 页《双色横条纹》相同。

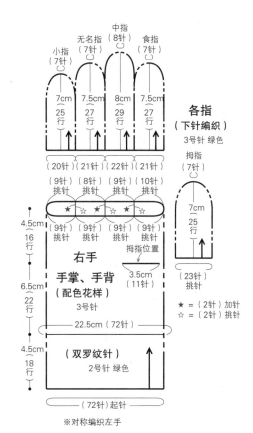

各指
（下针编织）

★ =（2针）加针
☆ =（2针）挑针

配色和毛线用量

色号·英文色名		色名	用量
□	815·Ivy	绿色	40g／2团
◉	106·Mooskit	米色	15g／1团

配色花样

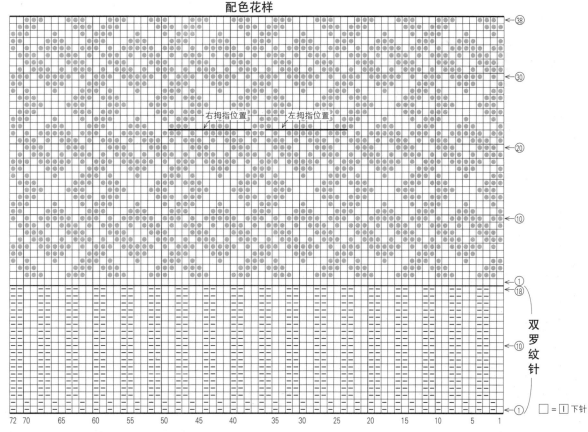

□ = ⊡ 下针

75

变形的棋盘格

〔作品见第33页〕

〔材料和工具〕
线…芭贝 British Fine 色号、色名、用量
请参照图表
工具…3号、2号棒针

〔成品尺寸〕
掌围 22.5cm，长 23.5cm

〔编织密度〕
10cm×10cm 面积内：配色花样 32 针，
34.5 行

〔编织要点〕
双罗纹针做环形起针，从小指开始编织。
手指按照小指、无名指、中指、食指的
顺序，分别做环形编织。各手指的编织
方法和第73页《双色横条纹》相同。

配色和毛线用量

色号	色名	用量
□ 005	藏青色	40g / 2 团
◉ 019	淡灰色混合	15g / 1 团

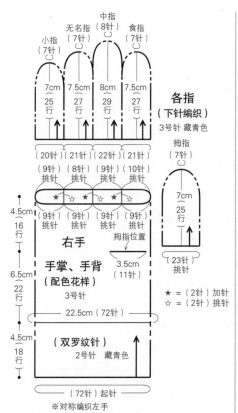

〔下接第77页〕

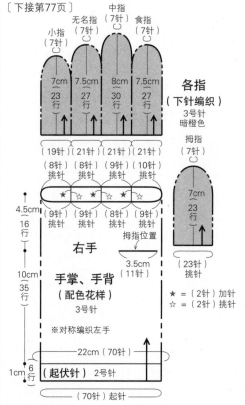

配色花样　右手

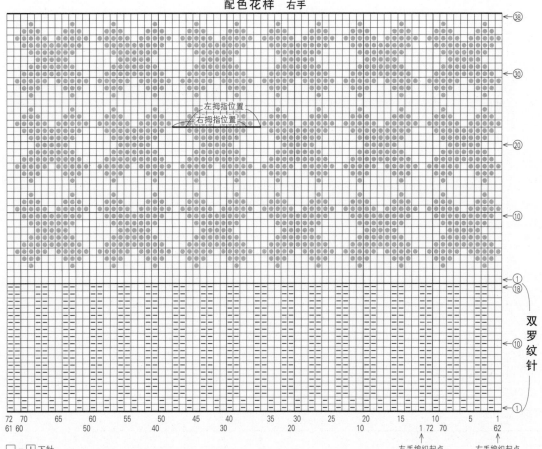

□ =｜下针

闪电

〔作品见第 34 页〕

配色和毛线用量

	色号	色名	用量
☐	3	米色	25g / 1团
⊙ ▨	8	暗橙色	30g / 1团

〔材料和工具〕

线…和麻纳卡 纯毛中细 色号、色名、用量请参照图表

工具…3号、2号棒针

〔成品尺寸〕

掌围22cm，长23.5cm

〔编织密度〕

10cm×10cm面积内：配色花样32针，35行

〔编织要点〕

手指做环形起针，从小指开始编织。手指按照小指、无名指、中指、食指的顺序，分别做环形编织。拇指抽掉另线挑针，做环形编织。 各手指的编织方法参见第78页《箭羽》。

配色花样 右手

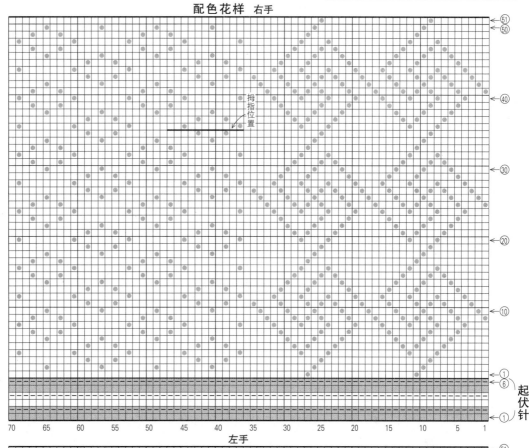

左手

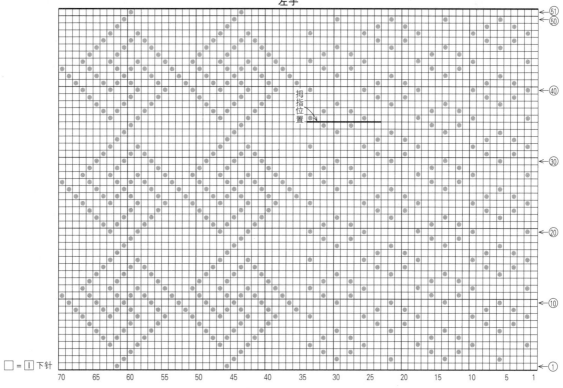

☐ = ☐ 下针

箭羽

〔作品见第 36 页〕

〔材料和工具〕
线…钻石线DIAGOLD〈中细〉色号、色
名、用量请参照图表
工具…3 号、2 号棒针

〔成品尺寸〕
掌围 22cm，长 24cm

〔编织密度〕
10cm×10cm 面积内：配色花样 32 针，
33 行

〔编织要点〕
单罗纹针做环形起针，从小指开始编织。
手指按照小指、无名指、中指、食指的
顺序，分别做环形编织。各手指用灰粉
色线编织，指尖的 8 行用胭脂色线编织。
拇指抽掉另线挑针，做环形编织。

配色和毛线用量

	色号	色名	用量
□	253	灰粉色	30g／1团
◉ ▨	775	胭脂色	30g／1团

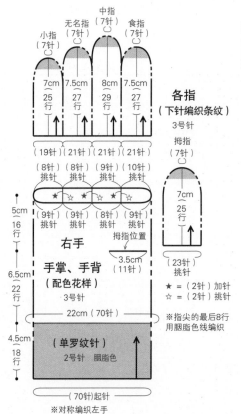

各指
（下针编织条纹）

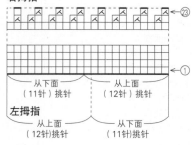
右拇指
左拇指

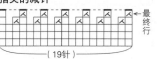
指尖的减针

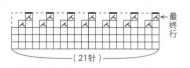

※对称编织左手

配色花样

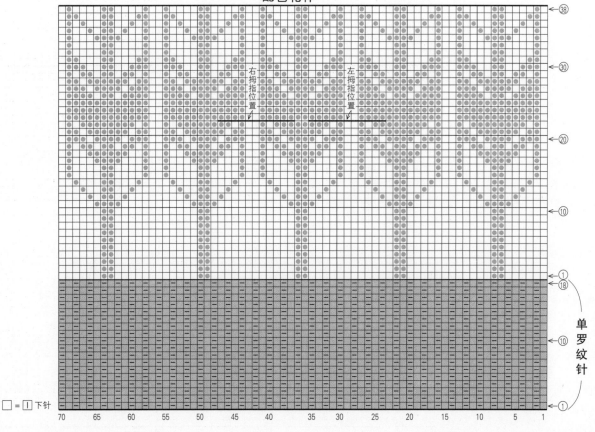

□ = ＝ 下针

单
罗
纹
针

变形的网格

〔作品见第 37 页〕

〔材料和工具〕
线…钻石线 DIAGOLD〈中细〉色名、色号、用量请参照图表
工具…3 号、2 号棒针

〔成品尺寸〕
掌围 22.5cm，长 24.5cm

〔编织密度〕
10cm×10cm 面积内：配色花样 32 针，32.5 行

〔编织要点〕
单罗纹针做环形起针，从小指开始编织。手指按照小指、无名指、中指、食指的顺序，分别做环形编织。拇指抽掉另线挑针，做环形编织。各手指的编织方法和第 73 页《双色横条纹》相同。

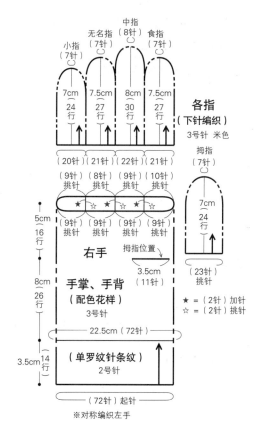

小指（7针）　无名指（7针）　中指（8针）　食指（7针）

7cm / 24 行　7.5cm / 27 行　8cm / 30 行　7.5cm / 27 行

各指（下针编织）
3号针 米色

（20针）（21针）（22针）（21针）

（9针）挑针（8针）挑针（9针）挑针（10针）挑针

★☆★☆★☆

拇指（7针）

7cm / 24 行

右手

（9针）挑针（9针）挑针（9针）挑针（9针）挑针

拇指位置

5cm / 16 行

8cm / 26 行

手掌、手背（配色花样）
3号针

3.5cm（11针）

（23针）挑针

★ =（2针）加针
☆ =（2针）挑针

22.5cm（72针）

3.5cm / 14 行

（单罗纹针条纹）
2号针

（72针）起针

※对称编织左手

配色和毛线用量

	色号	色名	用量
□	376	米色	45g / 1团
◉	362	褐色	15g / 1团

配色花样　右手

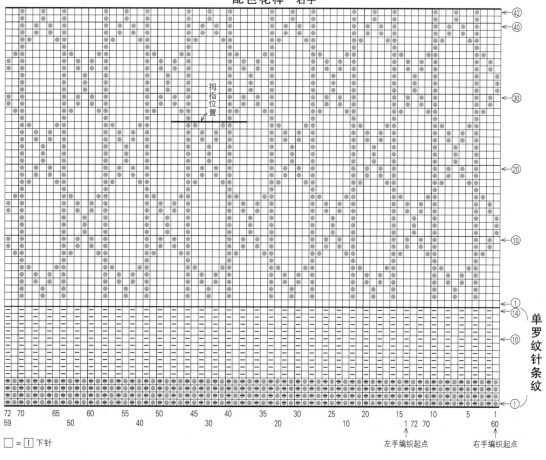

拇指位置

单罗纹针条纹

72 70　65　60　55　50　45　40　35　30　25　20　15　10　5　1
59　50　40　30　20　10　1 72 70　60

□ = | 下针

左手编织起点　　右手编织起点

WA MONNYOU NO AMIK OMI MITTEN TEBUKURO（NV70497）

Copyright © Namu Kikuchi/NIHON VOGUE-SHA 2017 All rights reserved.

Photographers:YUKARI SHIRAI, NORIAKI MORIYA

Original Japanese edition published in Japan by NIHON VOGUE CO., LTD.,

Simplified Chinese translation rights arranged with BEIJING BAOKU INTERNATIONAL CULTURAL

DEVELOPMENT CO., Ltd.

备案号：豫著许可备字-2019-A-0007

图书在版编目（CIP）数据

经典和风花样手套28款 / 日本宝库社编著 ；如鱼得水译. —郑州：河南科学技术出版社，2020.1
ISBN 978-7-5349-9701-3

Ⅰ.①经… Ⅱ.①日… ②如… Ⅲ.①手套—手工编织—图集 Ⅳ.①TS941.763.8-64

中国版本图书馆CIP数据核字（2019）第210358号

出版发行：河南科学技术出版社
　　　　　地址：郑州市郑东新区祥盛街27号　　邮编：450016
　　　　　电话：（0371）65737028　　65788613
　　　　　网址：www.hnstp.cn
策划编辑：刘　欣
责任编辑：刘　欣
责任校对：王晓红
封面设计：张　伟
责任印制：张艳芳
印　　刷：北京盛通印刷股份有限公司
经　　销：全国新华书店
开　　本：889 mm×1 194 mm　1/16　　印张：5　　字数：100千字
版　　次：2020年1月第1版　　2020年1月第1次印刷
定　　价：39.80元

如发现印、装质量问题，影响阅读，请与出版社联系并调换。